시원하거나

Drink up

따뜻하거나

Drink up 시원하거나 따뜻하거나

초판 인쇄 2020년 1월 10일
초판 발행 2020년 1월 15일

지은이 이승미
Food styling 박정윤
디자인 박정현

펴낸이 진수진
펴낸곳 푸드파이터TV
발행처 혜민북스

주소 경기도 고양시 일산서구 대산로 53
출판등록 2013년 5월 30일 제2013-000078호
전화 031-911-9416
팩스 031-911-9417
홈페이지 www.foodfighttv.com

지은이 이승미

목차

Chapter 1
시원하거나

Part 1 **MILK BLENDING**

Part 2 **FRUIT BLENDING**

Part 3 TEA BLENDING

Part 4 COFFEE BLENDING

Chapter 2
따뜻하거나

Chapter 3

음료블랜딩 재료

Chapter 1

시원하거나

Part 1
MILK BLENDING

Part 2
FRUIT BLENDING

Part 3
TEA BLENDING

Part 4
COFFEE BLENDING

01
검은콩 쉐이크

Ingredients

***삶은 콩** 1/3C
(불린 검은콩 1C,소금 1/8t,
생수 5C)
우유 1C
바닐라 아이스크림 1스쿱
설탕 시럽 2T
작게 부순 얼음 1/2C

method

1

2

3

1 검은콩은 깨끗이 씻어 물에 담가 3시간 정도 불린 후 소금, 생수를 넣고 부드러운 상태가 될 때까지 끓인다.
2 믹서기에 삶은 콩과 우유, 바닐라 아이스크림, 설탕 시럽을 넣고 부드러운 입자가 되도록 곱게 간다.
3 컵에 작게 부순 얼음을 넣고 검은콩 쉐이크를 붓는다.

* 검은콩은 '블랙푸드'의 대명사로 일반 콩에 비해 천연 식물성 여성 호르몬인 이소플라본이 풍부하게 들어있다.

02

단팥 쉐이크

Ingredients

통팥 조림 4T(P.172 참고)
말차 파우더 1T
우유 1C
작게 부순 얼음 1/2C

method

1 믹서기에 통팥조림과 우유1/2C을 넣고 갈아 통팥 믹스를 만든다. 말차 파우더에 우유1/2C을 넣고 입자가 풀리도록 저어 말차 믹스를 만든다.

2 컵에 작게 부순 얼음을 넣고 말차 믹스를 붓는다.

3 말차 믹스 위에 통팥 믹스를 천천히 붓는다.

* 통팥조림은 넉넉히 만들어 여름철에 팥빙수 팥으로도 이용할 수 있다.

03
블루베리 콤포트 쉐이크

Ingredients

블루베리콤보트 3T
(P.171 참고)
요거트 파우더 2T
우유 1/2C
얼음 1/2C
블루베리
민트

method

1. 믹서기에 요거트 파우더와 우유, 얼음을 넣고 갈아 요거트 믹스를 만든다.
2. 컵에 블루베리 콤포트를 넣고 요거트 믹스를 붓는다.
3. 블루베리와 민트로 장식 한다.

* 요거트 파우더는 저지방 저칼로리 식품으로 음료의 제조시 담백하고 산뜻한 맛을 주고 활성유산균의 작용으로 위와 장의 건강에도 도움을 준다.

04
부추 쉐이크

Ingredients

부추 1/4C
우유 1C
플레인 요거트 1통
레몬 청 2T
우유 폼

method

1 부추는 믹서기에 넣기 좋게 자른다.
2 믹서기에 자른 부추, 우유, 플레인 요거트, 레몬 청을 넣고 곱게 간다.
3 컵에 부추 쉐이크를 담고 우유 폼을 얹는다.

* 부추는 '氣陽草'라고 하여 기를 돋우는 효과가 있는 채소로 쉐이크로 만들면 맛있는 건강 음료가 된다.

05
리치 코코넛 쉐이크

Ingredients

리치(캔) 1/2C
바나나 1/3개
코코넛밀크(캔) 1/2C
생크림 3T
설탕시럽 2T
트리플 섹(or쿠앵트로) 1t
얼음 1/2C

블랙타피오카펄 1/3C

method

1

2

3

1 끓는 물에 블랙타피오카 펄을 넣고 약 30분간 말랑한 상태가 될 때까지 끓이고 차가운 물에 헹궈 설탕 시럽에 담궈 두고 사용한다.
2 믹서에 리치, 바나나, 코코넛밀크, 생크림, 설탕시럽, 트리플섹, 얼음을 넣어 곱게 간다.
3 컵에 리치 코코넛 쉐이크를 담고 블랙타피오카 펄을 넣는다.

* 오렌지향의 트리플 섹은 허브와 약초의 성분이 녹아 들어 있는 리큐어로 음료의 맛을 더욱 폭넓게 만들어 준다.

06
인삼 스무디

Ingredients

인삼 1뿌리 (손가락굵기)
율무차 1T
우유 1C
꿀 2T
얼음 1/3C

method

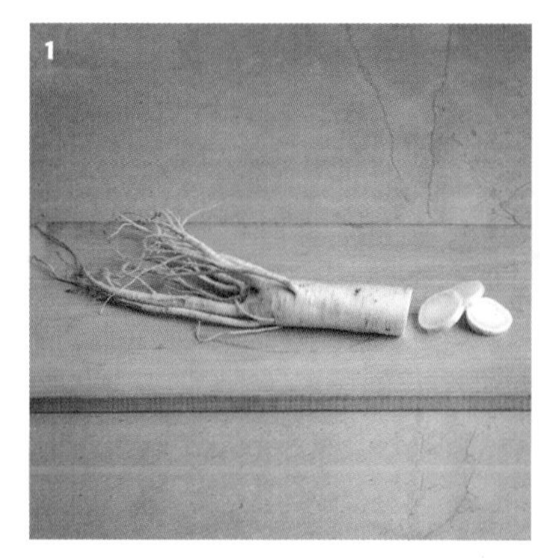
1

2

3

1 인삼은 믹서기에 곱게 갈리도록 작은 크기로 자른다.
2 믹서기에 작게 자른 인삼과 율무차, 우유, 꿀, 얼음을 넣고 부드러운 입자가 되도록 곱게 간다.
3 컵에 인삼 스무디를 담고 인삼 뿌리로 장식한다.

* 인삼은 잔뿌리가 많고 단단한 인삼을 구입하여 물에 담가 흙이 떨어지도록 잠시 두었다가 솔로 닦는다. 겉면의 물기를 제거하고 키친타월에 싸서 지퍼백에 넣어 냉장 보관한다.

07
곶감 스무디

Ingredients

감말랭이(or곶감) 1/2C
우유 1C
생강 청 1T
얼음 1/2C
시나몬 파우더 약간

method

1 감말랭이(곶감)는 작게 자른다.
2 믹서기에 작게 자른 감말랭이와 우유, 생강청, 얼음을 넣고 부드러운 입자가 되도록 곱게 간다.
3 컵에 곶감 스무디를 담고 시나몬 파우더를 토핑 한다.

* 곶감은 건조과정에서 영양분과 맛이 농축되어 음료로 만들어도 진한 맛을 낸다.

08
복숭아 요거트 스무디

Ingredients

복숭아(캔) 2쪽
플레인 요거트 1/2C
우유 1/2C
생크림 3T
얼음 1/2C

method

1

2

3

1 복숭아 과육은 작게 자른다.
2 믹서기에 작게 자른 복숭아, 플레인 요거트, 우유, 생크림을 넣어 간다.
3 컵에 복숭아 요거트 스무디를 담고 가니쉬를 얹는다.

* 복숭아요거트 스무디는 얼음량을 줄이고 시럽을 첨가하여 얼리면 아이스크림처럼 즐길 수 있다.

09
오레오 스무디

Ingredients

오레오쿠키 3개
우유 1C
연유 1T
요거트파우더 1T
얼음 1/2C
생크림 1/2C

method

1 믹서기에 오레오 쿠키와 우유, 연유, 요거트파우더, 얼음을 넣고 오레오 쿠키 입자가 약간 남아 있을 정도로 간다.
2 생크림은 휘퍼로 저어 휘핑크림을 만든다.
3 컵에 오레오 스무디를 담고 휘핑크림을 얹는다.

* 오레오는 100년의 역사를 가진 샌드과자의 대명사로, 오레오로 만든 스무디는 높은 칼로리로 인해 '악마의 레시피'로 불리지만 치명적 매력으로 지루한 일상에 활력을 더하기도 한다.

10
유자 스무디 Sunset

Ingredients

유자차 3T
플레인 요거트 1/3C
우유 1/2C
얼음 1/2C
그라나딘 시럽 1T

method

1. 믹서기에 유자차, 플레인 요거트, 우유, 얼음을 넣고 입자가 없도록 간다.
2. 컵에 그라나딘 시럽을 붓는다.
3. 그라나딘 시럽 위에 유자 스무디를 붓는다.

* 새콤한 맛을 내는 유자는 구연산이 풍부해 노화억제와 피로회복에 효과가 있다.

11
망고 라씨(lassi)

Ingredients

망고 1/2개
플레인요거트 1/2C
복숭아(캔제품) 1/2개
차가운 우유 1C

***홍차 젤리**
진하게 우린 뜨거운 홍차 1C
판젤라틴 2장
갈색설탕 1T

method

1

2

3

1 판 젤라틴은 얼음물에 담가 부드러워질 때 까지 약 15분정도 불려 물기를 꼭 짠다. 진하게 우린 뜨거운 홍차에 설탕과 불린 젤라틴을 넣어 녹이고 밀폐용기에 부어 냉장에서 굳힌 뒤 작은 크기로 잘라 사용한다.
2 믹서기에 망고, 플레인 요거트, 복숭아, 우유를 넣고 부드러운 입자로 간다.
3 컵에 망고 라씨를 담고 홍차 젤리를 띄운다.

* 라씨는 우유에 레몬을 넣어 발효시킨 커드에 설탕 혹은 과일을 섞어서 마시는 인도의 전통음료이다. 취향에 따라 다양한 가니쉬를 얹는다.

BELLELAIT
MARQUE

12
오르차타(Horchata)

Ingredients

캐슈넛 1/2C
아몬드 1/3C
오트밀 1T
우유 1C
연유 3T
얼음 1/2C

시나몬 스틱
시나몬파우더
민트

method

1 캐슈넛, 아몬드는 팬에 종이호일을 깔고 살짝 구워 식힌다.
2 믹서기에 구운 캐슈넛과 아몬드, 오트밀, 우유, 연유, 얼음을 넣고 곱게 간다. (부드러운 맛을 원하면 체에 한번 내린다)
3 컵에 오르차따를 담고 시나몬스틱 또는 시나몬파우더, 민트로 장식한다.

* 오르차타는 스페인의 국민 음료로 남미에서도 볼 수 있다. 시원한 오르차타는 고소한 견과류가 들어 있어 식사대용으로도 좋다.

13
프로즌 초코

Ingredients

커버춰 초콜릿 2T
코코아 파우더 1T
시럽 3T
얼음 1/3C
우유 1C
휘핑크림 1/2C

method

1 볼에 커버춰 초콜릿을 넣어 전자렌지에 녹인 후 코코아파우더, 시럽을 섞는다.
2 컵에 초코믹스 시럽을 넣고 얼음을 채운 후 우유를 부어 섞는다.
3 파이핑 백을 이용하여 휘핑크림을 짜서 얹고 코코아파우더를 토핑한다.

* 초콜릿의 카카오향은 정신을 안정시키고 집중력을 높이는 효과가 있어 영국 해군의 아침식사 메뉴에서도 권장되고 있다.

14
홈메이드 사랑해요 밀키스

Ingredients

레몬밤 2~3장
우유 1T
요구르트 2T
작게 자른 얼음 1/2C
천연사이다 1C

method

1

2

3

1 컵에 레몬 밤을 넣고 머들러로 살짝 으깬다.
2 으깬 레몬 밤에 우유와 요구르트를 넣고 섞는다.
3 컵에 얼음을 채우고 천연사이다를 붓는다.

* 밀키스는 1989년 4월부터 시중에 판매된 롯데칠성의 청량 음료로 홍콩 영화배우 주윤발의 싸랑해요 밀키스 CF로 더 유명한 추억의 음료이다. 홈메이드 밀키스는 청량한 시원한 맛을 내기위해 옵타쿨 향이 첨가된 천연사이다와 민트를 사용하였다.

15
드링킹 치즈

Ingredients

진하게 우린 우롱차 1C
얼음 1/2C
*치즈크림
크림치즈 1T
연유 1T
소금 한꼬집
생크림 3T

method

1 진하게 우린 우롱차는 차갑게 냉각 한다.
2 믹서기에 치즈크림 재료를 넣고 섞는다.
3 컵에 얼음을 넣고 냉각한 우롱차를 부은 후 치즈크림을 얹는다.

* 중국에서 대중적인 인기를 모은 드링킹 치즈(치즈티)는 아이스티에 크림치즈로 만든 크림을 올려 달고 짠맛을 음료로 느낄 수 있다.

16
오렌지 크림소다

Ingredients

*오렌지 크림 슬러시
오렌지주스 1C
오렌지마멀레이드 1T
생크림 1/2C
연유 2T

작게 부순 얼음
오렌지주스 1C
탄산수 1/2C

method

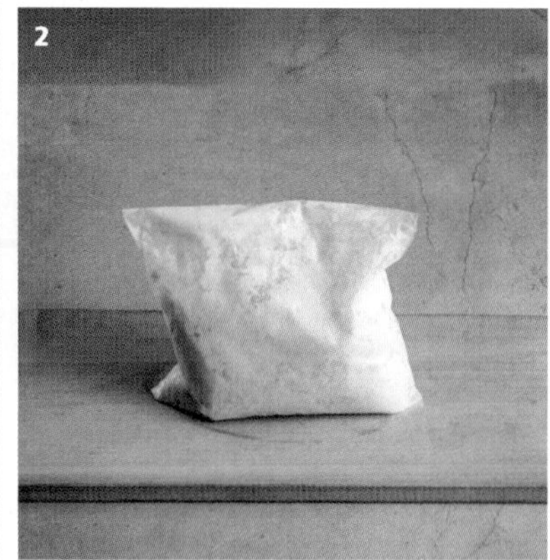

1 믹서기에 오렌지 주스, 오렌지마멀레이드, 생크림, 연유를 넣어 간다.
2 오렌지 크림 믹스를 지퍼백에 넣어 2~3시간 얼린 후 얼음입자가 부드러운 상태가 되도록 주물러 다시 얼린다. (2~3번 반복하면 부드러운 오렌지 크림 슬러시가 된다.)
3 컵에 작게 부순 얼음과 오렌지주스, 탄산수를 차례로 붓고 오렌지 크림 슬러시를 얹어 낸다.

* 오렌지 크림 슬러시는 오렌지 주스만으로도 만들 수 있지만 오렌지 마멀레이드를 넣으면 더욱 진한 오렌지향을 느낄 수 있다. 넉넉히 만들어 오렌지샤벳으로도 활용 할 수 있다.

17
진피 식혜

Ingredients

*엿기름 물
엿기름티백 2개
따뜻한 물 5C
밥 1C
설탕 1C
진피가루 2T
잣
꽃모양대추
(대추를 과육만 돌려 깍아 원통형으로 돌돌 말아 납작하게 썬다.)

method

1

2

3

1 엿기름티백은 따뜻한 물에 넣어 두었다 흔들어 엿기름물을 만든다. 전기밥솥에 엿기름물과 밥, 설탕1T을 넣어 5시간 이상 발효시킨다.
2 밥알이 삭혀져 떠오르면 엿기름물을 거르고 밥알은 찬물에 여러 번 헹궈 체에 밭친다. 삭힌 엿기름물은 진피가루, 설탕, 생강을 넣어 끓인 뒤 차게 식힌다.
3 그릇에 헹궈둔 밥과 진피 식혜를 담고 잣, 꽃모양대추를 띄운다.

* 진피(陳皮)는 귤껍질을 말린 것으로 소화기가 약하여 일어나는 구토, 메스꺼움, 소화불량 등에 쓰인다.

18
오미자 식혜

Ingredients

*엿기름 물
엿기름티백 2개
따뜻한 물 5C
밥 1C
설탕 1C
오미자 1/2C
생수 2C

method

1 엿기름티백은 따뜻한 물에 넣어 두었다 흔들어 엿기름물을 만든다.
전기밥솥에 엿기름물과 밥, 설탕1T을 넣어 5시간 이상 발효시킨다.

2 밥알이 삭혀져 떠오르면 엿기름물을 거르고 밥알은 찬물에 여러 번 헹궈 체에 밭친다. 삭힌 엿기름물은 설탕, 생강을 넣어 끓인 뒤 차게 식힌다.

3 오미자는 깨끗이 씻어 생수를 부어 진하게 우린 뒤 차갑게 냉각 한다. 차게 식힌 식혜에 오미자 우린 물을 섞고 밥알을 띄운다.

* "외관으로도 미술학적이고 그 담백한 맛은 중국의 일등茶라도 과연 우리의 식혜만 못 할 줄 안다." 홍 성균의 <조선요리학>中

19
향설고

Ingredients

저민 생강 1/2C
시나몬스틱 1개
대추 5알
생수 5C
배 1개
통후추
갈색설탕 3T
꿀

method

1

2

3

1 생강은 깨끗이 씻어 얇게 저민 후 시나몬스틱, 대추와 함께 생수를 부어 40분정도 끓이고 체에 거른다.
2 배의 과육은 넓고 도톰하게 저며 낸 후 꽃모양 커터로 찍어 가운데 통후추를 넣는다.
3 생강 끓인 물에 모양낸 배와 설탕을 넣고 배가 말갛게 익을 때까지 약한 불로 끓인다. (센불로 하면 후추가 빠져나온다.) 향설고를 차게 식히고 꿀을 넣어 당도를 맞춘다.

* 향설고(香雪膏)는 배숙의 또 다른 이름으로 익힌 배로 만든 전통 음료이다. 옛 조리서속의 향설고는 시고 딱딱하지만 향이 좋은 문배를 사용하여 만든 궁중 화채 중 하나였다.

20
수박화채

Ingredients

수박과육 2C
알로애 과육 1/3C

오미자 1/3C
생수 3C
시럽 5T
얼음 1C

method

1 오미자는 깨끗이 씻어 생수를 부어 24시간 우려 차갑게 냉각 한다.
2 수박은 티스푼으로 자연스런 모양이 되도록 떠낸다. 알로에는 껍질을 벗기고 과육을 작게 자른다.
3 화채 볼에 수박과 알로에, 설탕시럽, 오미자 우린 물, 얼음을 넣고 섞는다.

* 수박은 채소의 풍미와 과일의 풍미를 동시에 가지고 있는 여름과일이다. 오미자는 달고 시고 쓰고 짜고 매운 맛의 5가지 맛이 나며 생과일때는 오미자 청으로 담가 사용한다.

21
매실 에이드

Ingredients

매실당절임 2개
매실 청 3T
레몬 청 2T
얼음 1/2C
탄산수 1C

*** 매실콤보트**
씨를 뺀 매실과육 1kg에 설탕 800g을 버무려 매실즙이 나올 때 까지 두었다가 두꺼운 냄비로 옮겨 은근한 불에 과육이 부드러워지고 약간의 끈기가 생길 때까지 끓인다.

method

1

2

3

1 컵에 매실당절임과 매실 청을 넣고 머들러로 으깬다.
2 으깬 매실당절임에 레몬 청을 섞는다.
3 얼음을 채우고 탄산수를 붓는다.

* 매실당절임은 부엌의 상비약처럼 소화를 도와줄 뿐만 아니라 지친 몸에 활기와 건강을 되찾아 준다. 매실당절임이 숙성되기까지 매실 콤보트를 이용해 만들어도 매실의 향을 충분히 느낄 수 할 수 있다.

22
천혜향 펀치

Ingredients

천혜향 1개
감귤주스 1/2C
레몬 청 1T
얼음 1/3C
탄산수 1/2C

method

1

2

3

1 천혜향은 과육의 속껍질을 벗기고 과육을 알알이 분리 한다.

2 컵에 얼음을 채우고 레몬 청과 감귤주스를 넣는다.

3 감귤주스에 알알이 분리한 천혜향 과육을 듬뿍 넣고 탄산수를 붓는다.

* 하늘이 내린 향이라는 뜻의 천혜향은 당도와 향이 탁월하고 과육이 부드러워 펀치로 즐기기에 알맞다.

23
블루아이스 레몬스쿼시

Ingredients

블루큐라소 2T
레몬즙 1T
작게 부순 얼음 1/2C
레몬슬라이스 1개
탄산수 1/2C

method

1 컵에 블루큐라소와 레몬즙을 차례로 넣는다.
2 블루큐라소 시럽위에 얼음을 채우고 레몬슬라이스를 넣는다.
3 탄산수를 흘려 넣어 레이어드를 만든다.

* 블루큐라소는 오렌지껍질과 사탕수수설탕, 정제수, 브랜디, 색소를 넣어 만든 블랜딩 시럽으로 색상은 푸른색이지만 맛은 오렌지 향이 나는 시럽이다.

24
바질 라임스쿼시

Ingredients

바질잎 4장
라임즙 1개분
설탕시럽 2T
탄산수 1C
얼음 1/2C
라임슬라이스

method

1 믹서기에 바질잎과 라임즙, 설탕시럽, 탄산수1/4C, 얼음을 넣고 바질잎의 입자가 보이도록 성글게 간다.
2 컵에 바질라임 믹스를 담고 탄산수를 붓는다.
3 바질라임스쿼시 위로 라임슬라이스를 띄운다.

* 콜라의 시원한 향을 낼 때도 쓰이는 라임의 신맛은 상쾌한 풍미가 난다. 라임대신 제주도의 영귤을 이용해도 향긋한 바질향과 만나면 미각을 새롭게 한다.

25
몰디브 카페

Ingredients

민트잎 3장
민트시럽 1T
레몬청 3T(p.167 참고)
얼음 1/2C
탄산수 1C
레몬슬라이스

method

1 컵에 민트잎과 민트시럽, 레몬청을 넣고 머들러로 민트잎을 찧는다.
2 민트 믹스위에 얼음을 채우고 탄산수를 붓는다.
3 탄산수위로 레몬슬라이스와 라벤더로 장식한다.

* 모히또의 오리지널 베이스는 럼과 라임, 허브를 브랜딩한 칵테일이지만 '럼'을 빼고 박하향의 민트시럽과 레몬청을 넣은 무알콜음료로 블랜딩 하였다.

26
블루베리 모히또

Ingredients

블루베리 콤보트 2T
민트 시럽 1T
레몬즙 2T
작게 부순 얼음 1/2C
럼 1t
탄산수 1C
민트 잎

method

1 컵에 블루베리 콤보트와 민트시럽, 레몬즙을 넣는다.
2 블루베리 콤보트 믹스 위에 작게 부순 얼음을 채운다.
3 얼음위로 럼과 탄산수를 천천히 붓고 민트 잎으로 장식 한다.

* 모히또는 작가 헤밍웨이가 즐겨 마시던 칵테일로 마법을 걸다란 뜻의 mojo라는 아프리카 어에서 왔다. 과일 콤보트를 이용하면 다양한 색깔과 맛의 모히또를 만들 수 있다.

27
버진 메리(Virgin mary)

Ingredients

완숙토마토 1개
우스터 소스 1/5t
머스터드 1t
크러시드페퍼 약간
타바스코 소스 1t
레몬청 1T(p.167 참고)

method

1 토마토는 꼭지를 떼고 윗면에 십자로 칼집을 내어 소금 넣은 끓는 물에 20~30초간 데쳐 껍질을 벗긴다.
2 믹서기에 데친 토마토와 우스터소스, 머스터드, 크러시드 페퍼, 타바스코소스 레몬 청을 넣고 간다.
3 컵에 버진 메리를 담고 샐러리 스틱으로 장식 한다.

* 숙취해소 칵테일인 'Blood mary'의 무알콜 버전으로 만든 'Virgin mary'이다. (우스터소스가 없으면 소금으로 대체 가능하다.)

28
크랜베리 에이드

Ingredients

크랜베리 소스 2T
얼음 1/2C
설탕시럽 3T
리치(통조림) 3알
탄산수 1C

method

1

2

3

1 믹서기에 크랜베리 소스와 얼음, 설탕시럽을 넣고 간다.

2 컵에 크랜베리 믹스를 담고 리치를 넣는다.

3 리치 과육위로 탄산수를 붓는다.

＊크랜베리 소스는 전통적으로 추수감사절에 칠면조요리와 함께 먹는다. 에이드로 만들면 상큼한 향이 고기 먹은 뒤의 후식용 음료로도 손색이 없다.

29
석류 에이드

Ingredients

그라나딘 시럽 1T
마시는 석류식초 2T
작게 부순 얼음 1/2C
석류알갱이 1T
탄산수 1C

method

1 컵에 그라나딘 시럽과 석류홍초를 넣어 섞는다.
2 시럽위에 작게 부순 얼음을 넣어 채운다.
3 얼음위로 석류알갱이를 분리하여 넣고 탄산수를 붓는다.

* 마시는 식초는 일반 식초보다 산도가 낮아 거부감 없이 블랜딩 음료의 제조에 편리하게 사용할 수 있다.

30
홈메이드 갈아 만든 배 사이다

Ingredients

배 1/2개
얼음 1/2C
생강 청 3T(p.170 참고)
레몬 청 1T(p.167 참고)
탄산수 1C

method

1 배는 껍질을 벗기고 작게 잘라 얼음을 넣고 믹서기에 간다.
2 컵에 믹서기에 간 배 과육과 생강 청, 레몬 청을 넣어 배 믹스를 만든다.
3 배 믹스에 탄산수를 넣어 섞는다.

* 배는 85%이상이 수분으로 이루어져 있고 사과 산,주석 산,시트르 산 등의 유기산이 입안을 개운 하게 해준다.

31
애플 에이드

Ingredients

사과 청 2T(p.169 참고)
그린애플시럽 1T
작게 부순 얼음 1/2C
탄산수 1C
사과슬라이스

method

1

2

3

1 컵에 작게 부순 얼음과 사과 청을 넣는다.

2 얼음위로 그린애플 시럽을 넣는다.

3 사과 슬라이스 넣고 탄산수를 붓는다.

* 그린애플 시럽은 청 사과향의 시럽으로 소주나 정종칵테일에도 잘 어울린다.

32
디톡스 스파 워터

Ingredients

딸기 3~4개
블루베리4~5개
라임 2쪽
라벤더 1줄기
미네랄 워터 5C

method

1 피쳐에 딸기, 블루베리, 라임, 라벤더를 넣고 향이 잘 용출 되도록 머들러로 살짝 으깬다.
2 미네랄 워터를 부어 냉장고에서 최소 3시간이상 향을 추출한다.
3 2~3회 더 미네랄 워터를 채워 향을 추출하여 마신다.

* 디톡스 스파 워터는 운동 전후 체내의 수분 공급과 몸안의 독소 배출을 수월하게 하기 위해 만들어진 음료이다.

33
에너지 파워

Ingredients

메론 1/8개
오이 1/4개(청포도)
골드키위 1개
레몬즙 2T
마카파우더 1T

비정제 설탕

method

1

2

3

1 메론은 완숙된 것으로 준비해 껍질을 제거하고 작게 자른다. 오이는 껍질 쪽을 소금으로 문질러 씻어 슬라이스 한다. 골드키위는 껍질을 벗기고 작게 자른다.
2 믹서에 손질한 재료와 레몬즙, 마카 파우더를 넣고 곱게 간다.
3 컵에 에너지 파워 주스를 붓고 단맛을 원하면 비정제 설탕을 약간 첨가한다.

* 기원전 전부터 재배했다는 마카(Maca)는 페루의 산삼이라는 별칭을 가지고 있다. 뿌리 식물의 분말로 피로 회복과 면역력향상에 좋은 아르기닌 함량이 높아 NASA의 우주인 식량으로 선정되기도 했다.

34
모닝 부스터

Ingredients

완숙아보카도 1/2개
파인애플 1쪽
바나나 1/2개
레몬 청 1T(p참고)
요구르트 3T
치아씨드

method

1 아보카도는 가운데 씨를 제거하고 과육을 분리하여 작게 썬다. 파인애플과 바나나는 껍질을 제거 하고 작게 썬다.
2 믹서기에 손질한 아보카도, 파인애플, 바나나, 레몬 청, 요구르트를 넣고 곱게 갈아 컵에 담는다.
3 곱게 간 과일에 치아씨드를 넣고 섞는다.

* 기네스북 선정 세계에서 가장 영양가가 높은 과일인 '아보카도' 는 숲속의 버터로 불린다. 불포화 지방산이 풍부해 노폐물을 배출해주는 역할도 한다.

35
컨디션 주스

Ingredients

토마토 1개
사과 1/2개
크랜베리 주스 1/2C
비정제 설탕

method

1

2

3

1 토마토는 꼭지를 떼고 윗면에 십자로 칼집을 내고 소금 넣은 끓는 물에 20~30초간 데쳐 껍질을 벗기고 작게 자른다.
2 사과는 껍질을 벗겨 작게 자르고 토마토, 비정제 설탕을 넣고 간다.
3 컵에 크랜베리 주스를 담고 믹서에 간 토마토 붓는다.

* 토마토의 라이코펜과 크랜베리의 폴리페놀은 체내 세포에 손상을 일으키는 활성산소를 억제하는 기능이 있어 생체 활력을 높인다.

36
디톡스 주스

Ingredients

비트 슬라이스 1/3C
당근 1/3C
사과 1/2C
케일 1잎
청포도 1/2C
밀싹 파우더 1T

method

1

2

1 비트, 당근, 사과는 껍질을 벗겨 작게 자른다. 케일은 깨끗이 씻어 작게 자른다.
2 믹서에 손질한 재료와 청포도, 밀싹 파우더를 넣고 곱게 간다.
3 주스 컵에 청혈 주스를 붓는다.

* 디톡스 주스는 일명 청혈(淸血)주스로 불리 우는데 독소배출과 노폐물 제거로 혈관청소 효과가 있어 혈액의 흐름을 도와주는 탁월한 효능을 가지고 있다.

Akorát

37
스트로베리 나이스

Ingredients

딸기 1C
얼음 1/3C
바나나 1/2개
파인애플 1/2C
연유 1T

method

1

2

1 딸기는 꼭지를 떼고 깨끗이 씻어 얼음을 넣고 간다.

2 믹서에 바나나, 파인애플과육, 연유를 넣어 곱게 간다.

* 스마트농법으로 겨울이 제철이 된 딸기는 비타민C가 가장 많은 과일이다. 우리가 먹는 딸기의 대부분은 설향이라는 품종으로 붉은 색깔이 선명하고 꼭지부분이 뒤로 젖혀진 것이 당도가 높다.

38
홍시 주스

Ingredients

얼린 홍시 1개
레몬 청 2T(p.167 참고)
탄산수 1C
흰색타피오카 1T

method

1

2

3

1 냄비에 타피오카 펄을 끓여 투명해지면 찬물로 헹궈 둔다.
2 믹서기에 얼린 홍시와 레몬 청을 넣고 갈아 홍시믹스를 만든다.
3 컵에 홍시믹스와 탄산수, 삶은 타피오카를 섞는다.

* 타피오카 펄은 이슬모양의 서쪽 쌀이란 뜻의 西米露 라고도 한다. 사고 야자나무에서 나오는 쌀알 모양의 흰색전분으로 만든다.

39
청포도 주스

Ingredients

청포도 1C
레몬청 2T(p.167 참고)
얼음 1/2 C
알로에 1/4C
탄산수 1/2C

method

1

2

3

1 믹서기에 청포도, 레몬청, 얼음을 넣고 갈아 청포도 믹스를 만든다.
2 알로에는 과육을 저며 작은 입자로 다진다.
3 컵에 청포도믹스와 알로에를 차례로 담고 탄산수를 붓는다.

* 청포도는 망고보다 단맛이 좋아 망고포도라고 불리는 '샤인머스켓'을 사용한다. 씨가 없어 주스용으로 적합하다.

40
할로윈 블러드 드링크

Ingredients

냉동라즈베리 1C
얼음 1/2C
레몬 청 2T(p.167 참고)
버니니 1병

블루베리 2개
리치 2개

method

1 믹서기에 냉동 라즈베리와 얼음, 레몬 청을 넣고 갈아 라즈베리 믹스를 만든다.
2 컵에 라즈베리믹스를 넣고 버니니를 붓는다.
3 리치과육 안쪽에 블루베리를 넣어 눈알 모양을 만들고 라즈베리 믹스 위에 띄운다.

* 버니니는 알콜도수가 5% 이내로 탄산이 들어있는 뮈스카테 품종의 스파클링 와인이다.

41
상그리아

Ingredients

와인 1병
사과 1개
오렌지 1개
청포도 1/2C
적포도 1/2C
시나몬 스틱 2개
레몬청 2T
탄산수 1C

method

1

2

3

1 사과, 오렌지는 껍질 채 슬라이스 한다.(포도는 알이 작으면 그대로 사용한다.)
2 피쳐에 로제와인과 손질한 과일 시나몬 스틱을 넣고 냉장에서 24시간 향을 추출 한다.
3 와인 컵에 탄산수와 향을 추출한 와인을 넣고 민트로 장식 한다.

* 상그리아는 스페인의 전통음료로 레드와인 대신 화이트와인을 사용해도 된다. 과일의 향을 풍부하게 하는 것이 포인트이다.

42
비어 펀치

Ingredients

자몽 청 2T (p.168 참고)
레몬 청 2T (p.167 참고)
얼음 1/3C
무알콜 맥주 1C
자몽슬라이스

method

1. 컵에 자몽 청과 레몬 청을 담는다.
2. 과일 청 위로 얼음을 채우고 무알콜맥주를 부어 비어 펀치를 만든다.
3. 비어 펀치에 슬라이스한 자몽의 표면을 토치로 구워 띄운다.

* 과일청의 향과 토치로 구운 익혀진 과일의 향이 맥주의 풍미를 더욱 깊게 한다.

43
그린티 프라푸치노

Ingredients

녹차 티백 1개
생수 2C

*말차얼음
생수1C
연유 2T
말차파우더 2T

method

1 녹차는 생수를 부어 3시간 이상 우린다.
2 피쳐에 생수, 연유, 말차파우더를 넣고 풀어 얼음 틀에 부어 얼린다.
3 컵에 말차로 만든 얼음을 가득 넣고 우린 녹차를 붓는다.

* 프라푸치노(Frappuccino)는 프라페와 카푸치노를 합하여 스타벅스에서 만든 조어이다. 유제품과 커피, 얼음을 함께 넣어 만든 커피음료였으나 지금은 녹차, 과일 등 다양한 종류가 있다.

44
히비스커스 에이드

Ingredients

히비스커스 1T
뜨거운 물 1 C
레몬 청 2T(p.167 참고)
얼음 1/2 C
탄산수 1C

method

1

2

3

1 히비스커스는 뜨거운 물을 부어 우린 후 차갑게 냉각 한다.
2 컵에 레몬 청을 넣고 얼음을 채운다.
3 냉각한 히비스커스 차와 탄산수를 붓는다.

* 하와이를 대표하는 꽃 히비스커스는 '신에게 바치는 꽃'이라 불리며 현대에 와서는 화장품의 원료로 쓰였다. 약리효과도 있어 하이드록시시트릭 산 이 지방의 흡수를 막아 체중 감량에도 효과가 있다.

45
생맥차(生脈茶) 수단(水團)

Ingredients

맥문동 1T
황기 1개
인삼 1개
생수 4C
꿀 3T

***수단**
맵쌀가루 1C
뜨거운 물 약간
녹말가루 2T

method

1 맥문동과 황기, 인삼은 깨끗이 씻어 생수를 넣고 끓기 시작하면 작은 불로 1시간이상 끓여 차게 식힌다.
2 맵쌀가루는 뜨거운 물을 넣어 익반죽 하고 작게 떼어 경단을 만든 후 녹말가루를 묻혀 끓는 물에 삶아 떠오르면 찬물에 헹궈 물기를 빼고 수단을 만들어 둔다.
3 그릇에 수단과 꿀을 넣고 차게 식힌 생맥차를 붓고 잣이나 대추를 띄워낸다.

* 생맥 차는 가라앉은 맥을 다시 일으킨다는 뜻으로 특히 폐질환에 도움이 된다. 자줏빛 꽃이 피는 맥문동은 공원의 화단에서도 흔히 볼 수 있는데 뿌리를 약용으로 쓴다. 수단은 작은 구슬 모양으로 만든 떡을 삶아 꿀물 등에 넣어 먹던 음식이다.

46
실론 아이스티

Ingredients

홍차 2t
뜨거운 물 1C
자몽청 2T(메로골드청, p.168 참고)
얼음 1C
탄산수 1/2C

method

1 홍차는 뜨거운 물에 3~4분간 진하게 우린다.
2 컵에 우린홍차와 자몽청(메로골드청)을 넣어 홍차믹스를 만든다.
3 홍차믹스에 얼음을 채우고 탄산수를 붓는다.

* 홍차는 산미가 있는 과일들과 잘 어울린다. 메로 골드대신 레몬, 라임, 천혜향, 자몽 등 시트러스계열의 과일을 다양하게 사용할수 있다.

47
진저 에이드

Ingredients

생강 청 3T(p.170 참고)
사과주스 4T
작게 부순 얼음
탄산수 1C

method

1

2

3

1 컵에 생강 청과 사과주스를 넣고 섞어 진저 믹스를 만든다.
2 진저 믹스에 작게 부순 얼음을 채우고 슬라이스한 사과를 넣는다.
3 얼음위로 탄산수를 부어 진저 에이드를 만든다.

* 생강 청에 사과주스를 브랜딩 하면 매운맛이 상쇄되어 마시기에 편하다.

48
홍삼 에이드

Ingredients

홍삼 액 1T
뜨거운 물 1/4C
생강 청 1T (p.170 참고)
레몬 청 1T(p.167 참고)
얼음 1/2C
탄산수 1/2C

method

1 홍삼 액은 뜨거운 물을 부어 희석해서 식힌다.
2 컵에 식힌 홍삼차와 생강 청, 레몬 청을 넣어 홍삼 믹스를 만든다.
3 홍삼믹스에 얼음을 채우고 탄산수를 붓는다.

* 홍삼 액은 홍삼차 또는 인삼차로 대체 가능하며, 제품마다 농도가 다르므로 취향에 따라 가감한다.

49
에스프레소 블루 프라페

Ingredients

블루큐라소 1T
작게 부순 얼음 1C
차가운 우유 1/2C
에스프레소 1샷

method

1 컵에 얼음을 담고 블루큐라소 시럽을 넣는다.
2 시럽위로 우유를 흘려 넣어 레이어드를 만든다.
3 우유위에 에스프레소를 붓는다.

* 블루큐라소는 화이트 큐라소에 푸른색의 색소를 넣어 만든 리큐어로 시초가 되었던 큐라소라는 섬의 지명을 따서 명명 되었다. 푸른빛의 리큐어와 에스프레소의 색이 대조 되어 프라페를 더욱 시원하게 보이게 한다.

50
아이스 모카 민트

Ingredients

에스프레소 1T
초코시럽 1T
얼음 1/2C
민트초코 아이스크림 1스쿱
아이스커피 1/2C

method

1 컵에 에스프레소와 초코시럽을 넣고 얼음을 넣는다.
2 얼음위로 초코 민트아이스크림을 얹는다.
3 아이스크림위로 아이스커피를 붓는다.

* 커피와 민트에 쵸콜릿 향을 더하면 고유의 풍미가 훨씬 깊어지는 페어링 효과가 있다.

51
커피 파르페(Parfait)

Ingredients

에스프레소 1샷
깔루아 1T
얼음 1/2C
바닐라 아이스크림 2스쿱

휘핑크림
과일
핑거쿠키
쵸코렛필 등

method

1

2

3

1 믹서기에 얼음, 에스프레소 커피, 깔루아, 바닐라아이스크림 한 스쿱을 넣고 섞어 커피믹스를 만든다.
2 볼에 생크림을 넣고 휘핑크림상태가 되도록 만든다.
3 컵에 커피 믹스를 담고 휘핑크림, 아이스크림, 과일, 핑거 쿠키 초코렛 필등 으로 장식한다.

* 파르페는 프랑스어로 '완벽한' 이란 뜻을 가지고 있다. 처음에는 접시에 담아내었으나 여러 가지 재료가 추가 되면서 긴 유리글라스에 아이스크림과 다양한 토핑이 올라간 형태로 변형되었다.

52
하와이안 커피 프로스티(Frosty)

Ingredients

파인애플과육 1/2C
작게 부순 얼음 1/2C
바닐라 아이스크림 1스쿱
에스프레소 1샷
파인애플 조각 1쪽

method

1 믹서기에 파인애플과육, 작게 부순 얼음을 넣고 간다.
2 컵에 간 파인애플을 담고 아이스크림 한 스쿱을 얹는다.
3 아이스크림 옆으로 에스프레소를 천천히 붓고 파인애플로 장식한다.

* 하와이안 커피 프로스티는 하와이 대표 과일인 파인애플을 넣은 아이스 커피로 하와이의 독특한 커피 문화를 보여준다.

Chapter 2

따뜻하거나

Part 1
MILK BLENDING

Part 2
FRUIT BLENDING

Part 3
TEA BLENDING

Part 4
COFFEE BLENDING

01
군고구마 라떼

Ingredients

구운 호박 고구마 1/2C
따뜻한 우유 1C
캐슈넛 1T
소금 한 꼬집
꿀 1T

method

1. 고구마는 깨끗이 씻어 호일로 감싼 후 200℃로 예열된 오븐에 20분간 굽는다.
2. 믹서기에 군고구마와 따뜻한 우유, 캐슈넛, 소금을 넣고 고운 입자가 되도록 간다.
3. 컵에 곱게 간 고구마 믹스와 꿀을 넣는다. (꿀은 고구마의 당도에 따라 가감한다.)

* 고구마 라떼와 같은 방법으로 단호박을 이용해도 또 다른 풍미를 느낄 수 있다.

02
단팥 라떼

Ingredients

통팥 조림 1/2C
따뜻한 우유 1C
연유 1T
우유 폼

method

1 믹서기에 통팥 조림과 따뜻한 우유 1/2C, 연유를 넣고 팥의 입자가 부드러워 지도록 곱게 갈아 통팥믹스를 만든다.

2 컵에 통팥 믹스와 뜨거운 우유를 번갈아 붓는다.

3 단팥 라떼 위에 우유 폼 또는 시나몬 파우더를 토핑 한다.

* 라떼 위에 우유 폼은 시각적으로도 예쁘지만 음료의 온도를 유지시키는 기능도 가지고 있다.

03
봉수탕 라떼

Ingredients

작게 자른 호두 2T
잣 1T
땅콩 1T
꿀 1T
연유 2T
소금 한 꼬집
뜨거운 우유 1C
우유 폼

method

1 팬에 종이호일을 깔고 호두, 잣, 땅콩을 2~3분간 굽는다.
2 믹서기에 구운 견과와 우유, 꿀, 연유, 소금을 넣고 곱게 간다.
3 컵에 봉수탕 라떼를 담고 뜨거운 우유를 부은 후 우유 폼을 얹는다.

* 봉수탕(鳳髓湯)은 죽어도 다시 강한 생명력을 얻어 환생한다는 전설의 새 봉황처럼 건강하기를 바라는 마음으로 견과를 가루 내어 꿀에 재워 두고 먹었던 궁중의 차이다.

04
쥬쥬베 라떼

Ingredients

***대추고**
대추과육 1C
생강 1쪽
시나몬 스틱 1개
생수 4C

꿀 1T
뜨거운 우유 1C

method

1 대추는 깨끗이 씻어 과육을 돌려 깎아 씨를 분리 한다.
2 냄비에 돌려 깎은 대추과육과 생수, 저민 생강, 시나몬 스틱을 넣고 은근한 불로 끓여 대추과육이 풀어지면 체에 내린다.
(저장성을 높이기 위해 체에 내린 대추를 다시 한번 조려 대추고를 만든다.)
3 컵에 대추고를 담고 꿀과 뜨거운 우유를 붓는다.

* 대추의 멜라토닌 성분은 천연수면제라고 할 정도로 불면증을 개선하는데 효과적이다. 또한 헤모글로빈을 증가시키는 엽산이 다량 함유 되어 있어 빈혈 증상의 약재로도 사용된다.

05
진저 라떼

Ingredients

생강청 2T (p.170 참고)
뜨거운 우유 1C
우유 폼

method

1. 컵에 뜨거운 물을 부어 찻잔을 데운다.
2. 예열된 컵에 생강청을 담고 뜨거운 우유를 부어 섞는다.
3. 진저 라떼에 우유 폼을 얹는다.

* 햇 생강으로 만든 진저 라떼는 향기도 탁월 하지만 체온을 올려 면역력을 향상시키는 효과가 있다. 생강은 재배 지역에 따라서 풍미가 달라지므로 원산지를 확인하고 구매한다.

06
찰리와 쇼콜라 쇼

Ingredients

우유 1C
다크초콜릿 2T
코코아 1T
럼 1/3t
마시멜로

method

1 컵에 뜨거운 물을 넣어 잔을 예열하고 우유는 냄비에 뜨겁게 데운다.

2 예열한 컵에 다크 초콜릿과 뜨거운 우유를 조금 부어 녹인 후 코코아 파우더, 럼을 섞어 초콜릿 믹스를 만든다.

3 쵸콜릿 믹스에 뜨거운 우유를 부은 후 마시멜로를 얹는다.

* 쇼콜라 쇼는 미리 만들어 숙성시키면 향이 더 좋아진다. 만들어 두고 마시기전 조금씩 데워 먹는다.

07
크리스마스 드링크

Ingredients

우유 2C
메이플 시럽 1/2C
바닐라빈 1/3개
계란 3개
생크림 1/2컵
럼 1t
넛맥 파우더 1/5t

method

1

2

3

1 냄비에 우유와 메이플시럽을 넣고 살짝 데운 후 바닐라빈을 넣어 향을 추출한다. (바닐라 빈은 작은 나이프로 중심을 절개한 후 칼끝으로 긁어내 사용한다.)
2 볼에 휘퍼를 이용하여 계란노른자를 풀고 우유를 1/2C씩 넣어 섞은 후 생크림, 럼, 넛맥 파우더를 더하여 체에 걸러 크리스마스 드링크를 만든다.(냉장고에 보관한다.)
3 계란흰자는 휘퍼를 이용하여 단단한 머랭을 만들고 크리스마스드링크 위에 얹어 장식한다. 마실 때는 컵에 크리스마스 드링크를 1/2C 채운 후 따뜻한 물을 부어 마신다.

* 크리스마스 파티에 마시는 음료로 감기 걸렸을 때 마시기도 한다.
* 바닐라 빈은 은은한 향으로 재료 고유의 맛을 올려주는 특징을 가지고 있다. 씨가 든 난초의 꼬투리를 발효하여 만든다.
* 넛맥은 매콤하면서 달콤한 맛이 나는 향신료로 재료의 나쁜 냄새를 가려주는 역할을 한다.

08
한라봉 꿀단지

Ingredients

작은 한라봉 1개(약100g)
꿀 1T
설탕 1/2C
히비스커스 1T
뜨거운 물 2C
석류알 약간

method

1

2

1 한라봉은 깨끗이 씻어 물기를 닦고 껍질의 끝을 붙여 4쪽으로 자르고 과육을 분리 한다. 분리한 과육은 작게 잘라 꿀을 넣고 버무린다.
2 한라봉 껍질안에 꿀에 버무린 과육과 석류알을 섞어 채우고 밀폐용기에 넣은 후 설탕을 뿌려 2~3일간 향을 추출하여 한라봉 꿀단지를 만든다.
3 히비스커스는 뜨거운 물을 부어 우린다. 뜨거운 물로 다기를 예열한 후 한라봉 꿀단지를 넣고 뜨거운 히비스커스차를 붓는다.

* 한라봉은 껍질의 쓴맛이 적고 향이 좋아 꿀단지를 만들기에 적합하다.

09
스위트 자몽티

Ingredients

홍차 티백 1개
뜨거운 물 1C
자몽청 1/2C (p.168 참고)

method

1 홍차 티백에 뜨거운 물을 부어 우린다.
2 컵에 자몽청과, 우린홍차를 부어 섞는다.
3 스위티 자몽티에 레드자몽을 웨지모양으로 썰어 띄운다.

* 홍차는 너무 많은 양을 오랜 시간 우리면 떫은맛과 색깔이 뿌옇게 변하는 크림다운 현상이 일어나므로 주의 한다.

10
뱅쇼

Ingredients

레드와인 1병
오렌지 1개
레몬 1개
사과 1개
클로브 5개
아니스 1개
시나몬 스틱 1개

method

1 사과와 레몬은 슬라이스 하고 오렌지는 웨지 모양으로 잘라 껍질 쪽에 클로브를 꽂는다.
2 볼에 레드와인을 붓고 손질한 과일을 넣어 향이 충분히 우러나도록 1시간 정도 밀봉한다.
3 과일 향이 충분히 우러나면 아니스와 시나몬 스틱을 넣어 약불에서 서서히 데우듯이 끓인다.

* 따뜻한 와인 뱅쇼에 들어있는 아니스는 독감약 타미플루 성분중 하나인 시킴산으로 겨울철 감기예방에 도움을 준다.
* 클로브의 유게놀은 살균, 소염작용이 있어 염증치료에 쓰였다.

11
아침에 사과티

Ingredients

사과청 1/2C (p.169 참고)
뜨거운 물 1C
로즈마리

method

1 컵에 뜨거운 물을 부어 예열한다.

2 예열한 컵에 사과청과 뜨거운 물을 부어 섞는다.

3 사과 티에 사과 슬라이스와 로즈마리를 띄운다.

* 로즈마리에는 머리를 맑게 하고 두통을 완화 시키는 방향 성분이 들어 있어 음료를 마시면서 심신을 안정시키고 진정하는데 효과적이다.

12
로얄 밀크티

Ingredients

홍차티백 1개
뜨거운 물 1/2C
뜨거운 우유 1/2C
메이플 시럽 2T

method

1 뜨거운 물에 홍차티백을 넣어 진하게 우리고 우유는 뜨겁게 데운다.

2 진하게 우린 홍차에 메이플 시럽을 섞는다.

3 홍차에 뜨거운 우유를 붓고 시나몬 파우더를 토핑 한다.

* 홍차에 우유를 섞게 되면 우유의 단백질이 홍차의 떫은맛을 제거하고 탄닌과 결합해 불용성 물질이 되어 위자극을 감소시켜 준다. 또한 설탕대신 메이플 시럽을 넣으면 풍미 가득한 밀크티를 마실 수 있다.

13
그린 티 라떼

Ingredients

말차파우더 2T
뜨거운 우유 1C
연유 2T
우유 폼

method

1 뜨거운 우유에 말차를 넣어 섞는다.
2 컵에 연유를 넣고 그린티 라떼를 넣어 레이어드를 만든다.
3 레이어드한 그린 티 라떼에 우유 폼을 얹는다.

* 가루 녹차인 말차는 온도가 높은 물이나 우유를 사용해야 입자가 잘 풀리고 떫은맛을 줄 일수 있다.

14
모로코 민트 티

Ingredients

녹차 티백 1개
뜨거운 물 2C
민트 or 박하 1줄기
각설탕 1~2개

method

1 녹차티백에 뜨거운 물을 부어 2~3분간 우린다.

2 컵에 애플민트를 넣는다.

3 뜨겁게 우린 녹차를 애플민트에 붓고 각설탕을 함께 낸다. (티 팟을 이용하여 여러 번 우려 마실 수 있다.)

* 민트 티는 모로코의 대중적인 차이다. 민트의 멘톨 성분이 기분을 새롭게 한다. 모로코에선 차를 부을 때 높이 올려 따르는 습관이 있는데 이렇게 하면 시간이 지나면서 생성되는 민트의 쓴맛을 없앨 수 있다.

15
마살라 차이

Ingredients

*스파이스 티 1/2C
카다몬 1/2t
시나몬 스틱 1개
저민 생강 1t
클로브 1/3t
통후추 1/4t
생수 4C

홍차 1t
뜨거운 우유 1/2C
우유 폼

method

1

2

3

1 카다몬, 시나몬 스틱, 저민 생강, 클로브, 후추는 생수를 넣고 15분간 끓여 스파이스 티를 만든다.
2 스파이스 티에 홍차를 넣어 우린다.
3 컵에 우린 홍차를 담고 뜨거운 우유를 부은 후 우유 폼을 얹는다.

* 마살라 차이는 인도식 밀크 티로 스파이스 티라고도 한다.
* 카다몬은 생강과의 향신료로 상쾌한 향이나 구취제거에도 효과가 있다.

16
원기 회복 감기차

Ingredients

인삼 1뿌리 (손가락 굵기)
진피 1T
생강 1T
숙지황 1개
감초 3개
당귀 2개
대추 3개
계피스틱 2개
생수 5C

레몬청 1T

method

1

2

3

1 인삼, 생강, 감초, 당귀, 계피스틱은 맑은 물이 나올 때 까지 비벼 씻는다. 진피, 숙지황, 대추도 먼지를 털어내고 깨끗이 씻는다.

2 깨끗이 씻은 재료는 생수를 붓고 끓기 시작 하면 불을 줄여 1시간이상 유효성분을 추출 한다.

3 컵에 레몬 청을 넣고 진하게 우린 감기차를 부어 섞는다.

* 감기에 좋은 재료를 넣은 보양차이다. 숙지황은 다년생 초목인 지황의 뿌리를 쪄서 말린 것으로 보약의 조제에 자주 등장하는 기력회복제이다. 보혈, 진통제인 당귀, 천궁 등과 같이 쓰인다. 약재는 소포장으로 손쉽게 구매가능하다.

17
솔잎 인퓨전 티

Ingredients

*솔잎 인퓨전 3T
어린 솔잎 100g
설탕 시럽 1/2C

뜨거운 물 1C

method

1 솔잎은 물을 여러 번 갈아 가며 담가 송진을 제거하고 깨끗이 씻어 체에 밭쳐 물기를 제거한다.
2 솔잎을 밀폐용기에 넣고 설탕시럽을 부어 솔잎이 떠오르지 않도록 눌러 한달이상 향을 추출하여 솔잎 인퓨전을 만든다.
3 컵에 솔잎 인퓨전과 레몬 청을 넣고 뜨거운 물을 붓는다.

* 숲속의 향기를 품은 솔잎은 수분이 적어 설탕을 넣으면 향을 추출하는데 시간이 오래 소요 된다. 설탕과 물을 1:1로 넣어 끓인 시럽을 부으면 솔잎의 향을 추출 하는데 용이하다.

18
식당 커피

Ingredients

둥굴레 1/2C
생수 10C
가루커피 3T
갈색설탕 1/2C

method

1 둥굴레는 물에 넣고 문질러 깨끗이 씻는다.
2 냄비에 생수와 둥글레를 넣고 20분간 끓여 둥굴레 향을 추출한다.
3 둥굴레 차에 가루커피와 갈색설탕을 넣어 섞고 뜨겁게 데운다.

* 식당 커피는 고깃집 등 외식업소에서 서비스로 주는 아메리카노 같은 입가심용 커피다. 둥굴레차 대신 치커리 차, 메밀 차 등이 사용된다.

19
더티 커피

Ingredients

에스프레소 1샷
뜨거운 우유 1/2C
생크림 1/2C
코코아 파우더 1/3t

method

1 생크림을 휘핑기로 부드러운 거품이 되도록 휘핑 한다.
2 커피 컵에 에스프레소를 담고 뜨거운 우유와 휘핑크림을 차례로 붓는다.
3 코코아 파우더를 휘핑크림위에 듬뿍 뿌리고 다시 한 번 크림을 부어 컵 밖으로 커피가 살짝 흘러넘치게 한다.

* 이름 그대로 흘러넘친 모습이 지저분해 보이지만 코코아 파우더와 에스프레소, 생크림의 맛이 입안 가득 넘치는 풍미를 주는 커피이다.

Chapter 3

음료의 기본

Part 1
음료블랜딩 재료

Part 2
음료블랜딩 기구

Part 3
음료의 다양한 글라스

Part 4
음료의 기본 기법

Part 5
음료를 돋보이게 하는 가니쉬

*MILK

음료의 블랜딩에서 우유는 부드러운 질감과 진한 풍미를 남긴다.
유크림의 진한 맛을 위해 생크림을 담백한 맛을 위해서 저지방 우유를 사용하기도 한다.

- **코코넛 밀크**-유제품의 대체제로 또는 개성있는 음료 블랜딩을 위해 코코넛 밀크를 사용하기도 하는데, 코코넛 밀크는 코코넛 과육의 즙으로 캔이나 팩 제품으로 구입 할 수 있다.

*FRUIT

가. 과일달력

구 분	과 일 명
인과류	사과, 배, 감, 감귤, 오렌지, 레몬, 라임, 자몽, 유자
핵과류	복숭아, 살구, 매실, 자두, 대추, 체리, 앵두
장과류	포도, 석류, 크랜베리, 블루베리, 라스베리, 블랙베리, 구스베리, 무화과
견과류 (Nuts)	밤, 은행, 잣, 호두, 피칸, 헤이즐넛, 땅콩, 아몬드, 피스타치오
과채류	수박, 메론, 딸기, 참외, 토마토
열대 과일류	파인애플, 바나나, 키위, 파파야, 아보카도, 망고, 망고스틴, 두리안, 코코넛, 람부탄, 패션후룻

자료 : 두잇푸드스타일링, 혜민북스, 2018

나. 과일 분류

구 분	제철 과일
1월	한라봉, 감귤, 레몬

2월	딸기, 천혜향
3월	방울토마토
4월	파인애플
5월	참외, 토마토, 하귤
6월	오디, 살구, 앵두, 참외, 방울토마토, 산딸기, 복분자, 매실
7월	참외, 수박, 블루베리, 자두, 용과, 아로니아
8월	블루베리, 복숭아, 포도, 멜론
9월	자두, 포도, 사과, 오미자, 배, 무화과, 모과(9~10), 머루(9~10), 구기자(9~10)
10월	사과, 키위, 대추(10~11), 밤(9~10)
11월	유자, 석류, 감
12월	귤

자료 : 월별 제철 식재료, 농식품종합정보시스템, 2018

*TEA

차는 원산지, 채취 시기, 가공 방법에 따라 향과 맛 ,품질 등이 달라진다.
차는 제품 마다 우리는 시간이 다르지만 너무 오래 우리면 떫은 맛이 난다. 또 입차 형태와 분쇄형 일 때가 다르므로 구분하여 우리는 시간을 조절 한다.

*COFFEE

커피도 티와 마찬 가지로 원산지, 가공, 유통과정에 따라 품질이 달라 진다. 신선하고 깊고 풍부한 향의 커피는 다른 재료와 만났을 때 각각의 존재감을 해치지 않으면서도 새로운 맛을 열어 주는 특징을 가지고 있다.

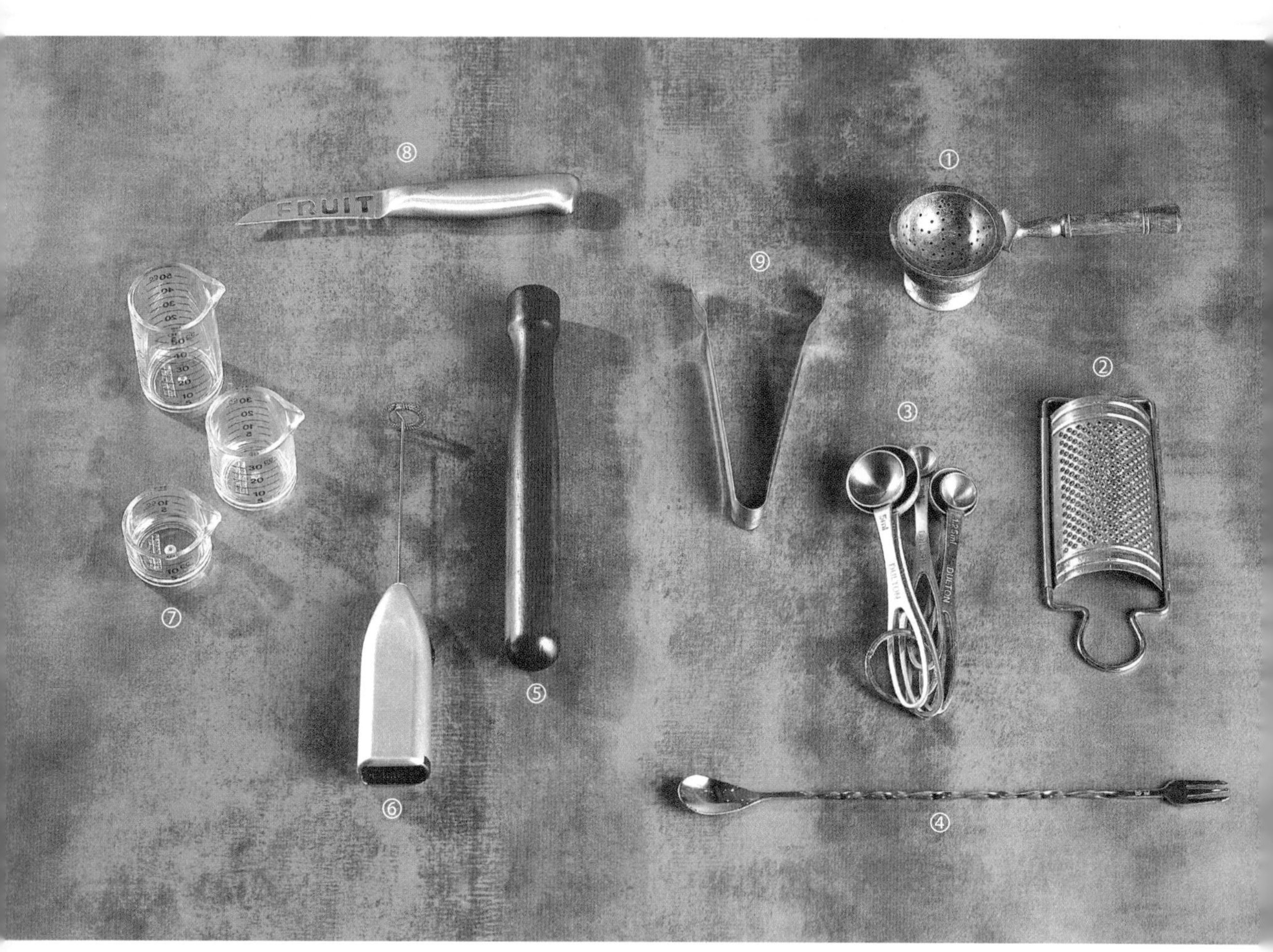

티스트레이너중심에서 시계방향

① **티스트레이너** 찻잎 등 입자를 걸러내는 걸름망이다. 패브릭, 금속, 자기 등 여러 재질이 쓰이며 찻잎의 입자에 따라 망의 굵기를 달리하여 사용한다.

② **강판** 과육을 갈거나 레몬, 오렌지의 겉껍질의 향을 추출할 때 사용한다.

③ **계량스푼** 적은량의 재료를 재는데 필요한 도구이다. 늘 같은 맛을 내고 싶다면 계량스푼을 사용하여 표준화 시키는 것이 좋다.

계량단위

1T = 15cc = 15g

1t= 계량스푼 5cc =5g

물 1컵 = 200㎖ =200g

④ **바스푼** 길이가 긴 스푼으로 재료를 섞거나 소량의 재료를 잴 때도 사용된다. 양쪽 끝에 작은 스푼과 포크로 이루어져있고 스푼의 가운데가 나선형으로 되어 있어 회전시키며 재료를 섞기에 좋다.

⑤ **머들러** 생과일이나 허브의 신선한 아로마를 이용하는 음료를 만들 때 사용하며 재료의 향을 강하게 즐길 수 있도록 으깰 때 쓰는 도구이다.

⑥ **우유거품기** 섬세하고 풍성한 우유 거품을 만들 때 사용한다.

⑦ **계량컵** 액체로 된 음료 재료의 양을 잴 때 쓰인다. 입구가 뾰족한 것이 음료 만들 때 편하다.

⑧ **과도** 과일의 껍질을 제거 하거나 자를 때 사용한다.

⑨ **아이스 텅** 얼음을 깨끗하게 유지하고 편리하게 집을 수 있도록 만든 집게이다.

평범한 패션도 시간(Time), **장소**(Place), **상황**(Occasion)에 맞춰 연출하면 멋진 모습을 만들 수 있듯이 음료에도 각각의 음료에 맞는 글라스가 있다. 같은 음료라도 어떤 글라스에 담는지에 따라서 맛과 기분이 배가 될 수 도 있고, 그 반대의 이미지를 가질 수도 있다. 음료는 다른 메뉴에 비해 단순한 것처럼 보이지만 계획되어진 시각적 이미지를 연출했을 때 더욱 빛날 수 있다. 그런 의미에서 글라스는 음료의 이미지를 표현 할 수 있는 도구 중에 하나이다.

① **포코 그란데 글라스** : 과일 블랜딩의 음료에 사용되는 종모양의 글라스로 프로즌스타일음료에 적합하다.

② **하이볼글라스**(Highball Glass) : 텀블러 글라스라고도 하고, 주스 등 음료 전반에 폭넓게 사용된다.

③ **콜린스글라스**(Collins Glass) : 하이볼글라스와 같이 주스와 에이드 등 탄산 음료에 폭넓게 사용된다

④ **와인 글라스** : 입구가 좁고 긴 형태로 탄산가스가 잘 빠져 나가지 않아 스파클링 음료에 사용하기 좋다.

⑤ **필스너 글라스** : 아래쪽으로 좁아지는 형태로 거품이 오랫동안 지속되는 효과가 있어 거품이 들어가는 음료에 적당하다

⑥ **아이리쉬 글라스**(Irish Glass) : 두꺼운 재질의 글라스로 뜨거운 음료, 차가운 음료 모두 사용가능하다.

⑦ **글라스머그** : 가볍고 투명하게 만든 내열강화유리컵이다.

⑧ **홍차잔** : 홍차잔은 커피잔보다 얇고 넓게 만들어서 입에 가져다 대기 좋고 홍차의 섬세한 향이 더욱 풍부하게 퍼지도록 디자인 되었다. 또 얇고 광채가 나는 본차이나 홍차 잔은 차의 색을 돋보이게 한다. 커피 잔에 비해 찻잔받침도 크게 만들어진다. (출처: 홍차의 모든 것- 하 보숙)

⑨ **머그** : 손잡이가 있는 '원통형의 찻잔'이라는 뜻으로 컵의 열이 잘 식지 않도록 설계되어 있어 뜨거운 음료의 온도유지에 좋다.

---

*글라스의 세척과 광택 - 글라스는 따뜻한 물에 중성세제를 푼 물에 전용 스폰지를 이용하여 세척한 후 미지근한 물로 헹군다. 세척 후 그대로 두면 물 자국이 생기므로 글라스에 지문이 남지 않도록 글라스 전체를 감쌀 수 있는 크기의 린넨을 이용하여 좌우로 돌려 가며 물기를 닦는다. 냄새와 오염이 잘빠지지 않으면 식초나 베이킹 소다를 푼 물에 담가둔다.

***온도**

맛있는 맛은 각자의 기호에 따라 나뉘지만 공통적으로 맛을 좌우하게 되는 것 중의 하나는 온도이다. 어떤 상태의 온도로 먹게 되는지에 따라 맛은 확연히 달라진다. 같은 재료로 만들어진 음료의 경우에도 온도에 따라 미각에 커다란 영향을 미친다. 적정한 온도를 유지하지 못하면 정확한 맛을 느끼기 어렵고, 음료 안에 녹아있는 좋은 방향성분도 제대로 감지할 수 없기 때문이다. 그래서 블랜딩 재료에 따라서 추출온도와 시간을 잘 지키는 것이 맛있는 음료를 만드는 방법이다.
또한 글라스의 관리에서도 뜨거운 음료는 찻잔에 뜨거운 물을 넣어 데운 후 사용하는 것이 바람직하다. 일반적으로 전문매장에서는 잔의 일정한 온도와 청결을 위하려 워머를 이용하여 미리 잔을 데운다.
차가운 음료는 냉동고나 냉장고를 이용하여 글라스를 미리 냉각 하거나 잘게 부순 얼음을 이용하여 글라스에 가득 채운 뒤 메인재료를 넣고 탄산수를 빠르게 부어내는 방법으로 만든다.

***레이어드**

음료 재료의 비중을 이용해서 시각적 칼라블록을 주고자 할 때 사용하는 방법으로 재료의 색감과 농담 등의 대비를 극대화하여 층을 만들어 생동감 있는 음료를 만들 수 있다.
뜨거운 음료의 레이어링 에서는 비중이 무거운 재료를 먼저 담고 가벼운 우유 폼이나 크림 등을 넣어 레이어드를 만든다. 차가운 음료의 경우는 잘게 부순 얼음이나 우유를 글라스에 중간에 가득 채워 컬러블록을 만들어 준다.

우유 → 차(커피) → 청/시럽

탄산수 → 얼음(과일) → 청/시럽

***얼음**

음료의 제조에서 각각의 재료가 모두 신선해야 하겠지만 특히 차가운 음료에서 중요한 얼음은 수질에 따라 음료의 맛과 질에 결정적인 역할을 한다.
단단하고 투명한 신선한 얼음은 음료의 맛을 배가 시킬 뿐 만 아니라 기포가 오랫동안 생성되 시각적으로 청량감을 준다.
판매하는 수정얼음을 쓰는 것이 편리하지만 직접 만들어 쓴다면 반드시 생수나 정수된 물을 쓸 것을 제안 한다. 음료에 쓰이는 얼음은 맑고 투명하고 단단하여 잘 녹지 않고 이취가 없어야 한다.
음료에서 쓰이는 얼음의 형태는 대부분 사각형태를 하고 있다. 차가운 음료의 제조에서는 얼음 알갱이 사이로 퍼지는 재료의 이미지를 시각적으로 드라마틱하게 만들기 위해 작은 알갱이로 부순 얼음을 이용하게 되는데 작은 조각으로 나오는 제빙기를 이용하거나 비닐봉투에 담은 채 방망이 등으로 두드려 부순 후 사용한다.

***탄산수**

탄산수는 탄산가스(CO2)가 함유되어 청량감을 주는 블랜딩 재료로 자연의 미네랄과 가스 상태의 탄산이 함유되어 있는 천연광천수와 무기염류와 탄산가스를 물에 녹여 만든 인공탄산수가 있다.

①
②
③
④
⑤
⑥
⑦
⑧
⑨
MIXOLOGY
syrup
Le Sirop de
MONIN
Curaçao Bleu
Une tradition de qualité
홍초
Le Sirop de
MONIN
Pomme Verte
Une tradition de qualité
Le Sirop de
MONIN
Mojito Mint
PANRUM
GOLD RUM

병제품 왼쪽부터

***리큐르**

① **칼루아** 커피원두와 럼을 베이스한 사탕수수를 넣은 단맛의 커피리큐어이다.

② **트리플섹** 오렌지추출 리큐어와 브랜디 혼합물을 세 번 증류한 것으로 단맛과 오렌지의 방향성이 강하다.

③, ④, ⑥, ⑦, ⑨ **시럽** 설탕에 허브와 과일, 꽃, 견과향 등이 첨가된 고농축 제품이다. 에이드, 소다 펀치류에 사용된다.

⑤ **홍초** 각종 유기산과 아미노산이 함유된 알카리성 식품으로 건강 음료로 다양한 과일 맛이 있다.

⑧ **럼** 사탕수수 즙을 짜고 남은 당밀을 원료로 발효시킨 증류주로 음료의 풍미를 돋운다.

***수제청**

수제 청을 이용한 음료 메뉴에서의 청은 과일을 비롯하여 허브,채소 등 다양한 재료를 사용 할 수 있다. 과일이나 허브를 이용한 청은 그 자체로도 개성있는 음료로서 역할을 충분히 한다. 음료에서 설탕 대신 청이나 시럽을 주로 사용하는 이유는 시럽이나 청은 블렌딩을 할 때 레이어드를 하기 용이하고, 설탕은 차가운 음료에서 용해가 잘 되지 않기 때문이다.

*과일청 advice

1. fresh

제철의 신선한 상태의 과일을 사용한다. 맛있는 과일청은 신선한 과일의 향이 만드는 것이다. 각각의 과일의 싱그러움을 간직하고 싶다면 제철의 신선한 과일을 이용한다.

2. sugar

과일 청을 오래 보관하고 싶다면 과육과 설탕의 비율을 1:1로 한다. 단맛을 줄이고 싶다면 과육과 설탕의 비율을 2:1로 하여 숙성시키고 냉장 보관 한다.

3. aroma

과일즙의 맛과 향은 쉽게 사라지는 반면 과일 껍질에는 풍부한 향(aroma)이 함유되어 있고 영양학적으로도 우수하므로 껍질을 제거하지 않고 그대로 담그는 것이 좋다. 따라서 과일청용 과일을 선택할 때는 유기농이나 무농약을 선택하는 것이 좋다.

각 과일이 지니고 있는 맛의 고유성을 나타내기 위해 각각의 과일을 따로 담그는 것도 방법이지만 상큼하고 시원한 청량감을 위해서 레몬이나 라임과 같은 시트러스 계열의 과일을 조합하거나 달콤한 맛을 보강하기 위해 당도가 높은 사과, 복숭아를 첨가해도 좋다. 청은 여유 있게 담가두면 음료뿐 아니라 음식에도 설탕을 대체하여 사용 할 수 있고 단맛은 물론 과일의 풍미와 유기산까지 덤으로 얻을 수 있는 이점이 있다.

4.clean

과일청을 담을 과일의 세척은 살균 효과가 있는 식초 또는 농약을 쉽게 제거되도록 도와주는 베이킹소다를 푼 물에 담가두었다가 전용 솔이나 수세미로 부드럽게 문질러 닦는다. 보관 용기는 유리병을 선택하여 냄비에 병이 잠길 만큼 물을 넣고 끓여 약 10분 간 열탕 소독한 뒤 물기를 완전히 말려 사용한다.

***레몬청**

Ingredients

레몬 100g
레몬즙 100g
설탕 200g

method

1. 레몬은 껍질을 깨끗이 닦아 얇게 슬라이스 한다.
2. 또 다른 레몬은 반으로 자른 후 즙을 짜 준비한다.
3. 밀폐용기에 슬라이스레몬과 레몬즙, 설탕을 섞어 상온에서 하루 숙성 후 1주일간 냉장보관한다.

*자몽청(메로골드청)

Ingredients

자몽슬라이스 100g
자몽즙 100g
설탕 150g
꿀 50g

method

1 자몽은 겉면을 깨끗하게 씻어 슬라이스 한다.
2 또 다른 자몽은 자른 후 쥬서기를 이용하여 즙을 짜 준비한다.
3 준비한 자몽과 설탕,꿀을 섞어 상온에서 하루 숙성 후 냉장보관한다.

* 자몽 껍질 안쪽의 쌉사래한 쓴맛이 싫다면 속껍질을 제거하여 담근다.
* 자몽이나 메로 골드처럼 쓴맛이 있는 과일청은 꿀을 첨가하면 과일의 향이 풍부해지고 깊은 맛을 더해준다.

***사과청**

Ingredients

사과슬라이스 100g
사과즙 100g
설탕 200g

method

1 사과는 겉면을 깨끗하게 씻어 슬라이스여 밀폐용기에 담는다.
2 또 다른 사과는 과육을 갈아 즙을 짠다.
3 설탕과 사과슬라이스, 사과즙을 섞어 상온에서 하루 숙성 후 냉장보관한다.

***생강청**

Ingredients

생강즙 6C
갈색설탕 6C
통대추 1/2C
시나몬스틱 2개

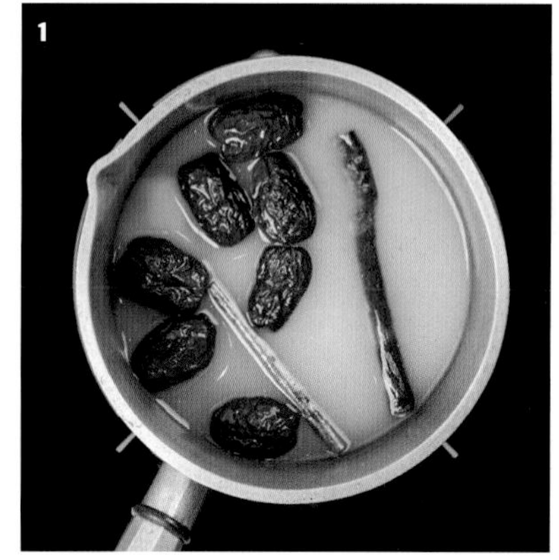

method

1 냄비에 생강즙,황설탕, 통대추, 시나몬스틱을 넣어 끓인다.
2 약불로 1시간 이상 농도가 생길 때 까지 끓여 체에 밭친다.

*블루베리콤보트

Ingredients

블루베리 2C
레드와인 1/2C
설탕 1C

method

1 블루베리는 깨끗이 씻어 설탕과 레드와인에 버무려 향이 스며들도록 한다.

2 와인 향을 입힌 블루베리를 냄비에 넣고 약 불로 농도가 생길 때 까지 주걱으로 저으면서 조린다.

* 콤보트는 과일의 형태를 살려 설탕을 넣고 조린 것으로 음료의 베이스 뿐만이 아니라 음식에도 근사한 비주얼과 농후한 과일의 맛을 선사 한다. 콤보트를 만들 때 와인이나 레몬, 바닐라 설탕을 사용하면 또 다른 향긋한 맛을 즐길 수 있다.

*통팥조림

Ingredients

붉은 팥 1C
설탕 2/3C
소금 1/3t
생수 5C

method

1 팥은 깨끗이 씻어 냄비에 물을 동량으로 넣어 끓어오르면 물만 따라 버린다.
2 1차 삶은 팥에 물 5C을 부어 끓으면 중불로 낮추어 팥이 무르도록 삶는다.
3 삶은 팥에 설탕을 넣어 중불에서 바닥이 타지 않도록 저으면서 조리듯 끓인다.

음료수를 더욱 아름답게 만들어주는 가니쉬는 음식에 얹는 장식물을 말한다. 음료의 시각적 이미지를 한층 화려하고 입체적으로 높여주는 요소이다. 음료 메뉴에서의 가니쉬는 과일, 채소, 허브, 쿠키, 파우더, 크림 등 다양하게 사용 할 수 있지만 기본적으로 메뉴의 특성을 표현하고 음료의 색상, 맛과 향의 조화, 글라스의 모양, 크기 등을 고려한다.

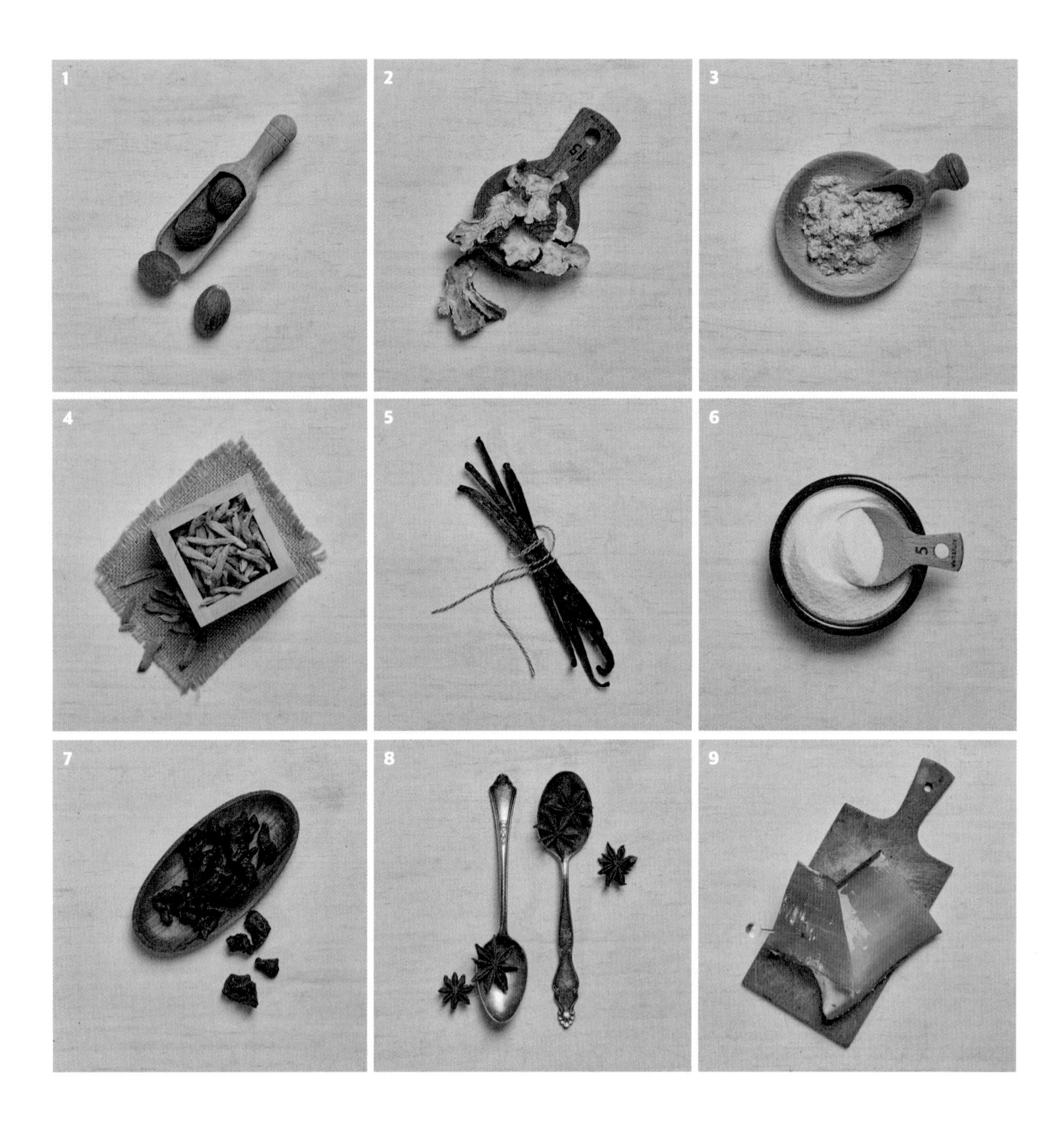
1
2
3
4
5
6
7
8
9

① 넛맥 ② 당귀 ③ 마카 ④ 맥문동 ⑤ 바닐라빈 ⑥ 분말요거트 ⑦ 숙지황 ⑧ 아니스(팔각) ⑨ 알로에 ⑩ 진피 ⑪ 천궁 ⑫ 카다몬 ⑬ 코코넛밀크 ⑭ 크랜베리소스 ⑮ 클로브 ⑯ 타피오카펄 ⑰ 황기 ⑱ 히비스커스